Ich hab eine Freundin, die ist
Tierärztin

von Ralf Butschkow (Bilder)
und Susanne Schürmann (Text)

CARLSEN

Ich hab eine Freundin, die heißt Petra und ist Tierärztin. Das Wartezimmer ihrer Praxis ist immer voller Leute, die mit ihren Tieren warten, bis sie an der Reihe sind. Die Arzthelferin ruft einen nach dem anderen in das Behandlungszimmer: »Der nächste, bitte!«

Hier untersucht Petra gerade ein Zwergkaninchen. Es sitzt ganz still auf dem Behandlungstisch, während Petra mit dem Phonendoskop seine Lunge abhört.

Der nächste Patient ist eine Katze. Sie läßt sich nur ungern untersuchen. Ihr Besitzer hält sie gut fest, damit sie Petra nicht kratzt, während die mit dem Otoskop in die Ohren schaut.

Dann kommt ein Mann mit seinem Hund, der von einem Auto angefahren wurde.
Der Hund muß geröntgt werden.
Mit den Röntgenstrahlen kann man eine Art Foto vom Inneren des Körpers machen.
Damit diese Strahlen nicht den Menschen schaden, die täglich damit umgehen, tragen die Schürzen und Handschuhe aus Blei.

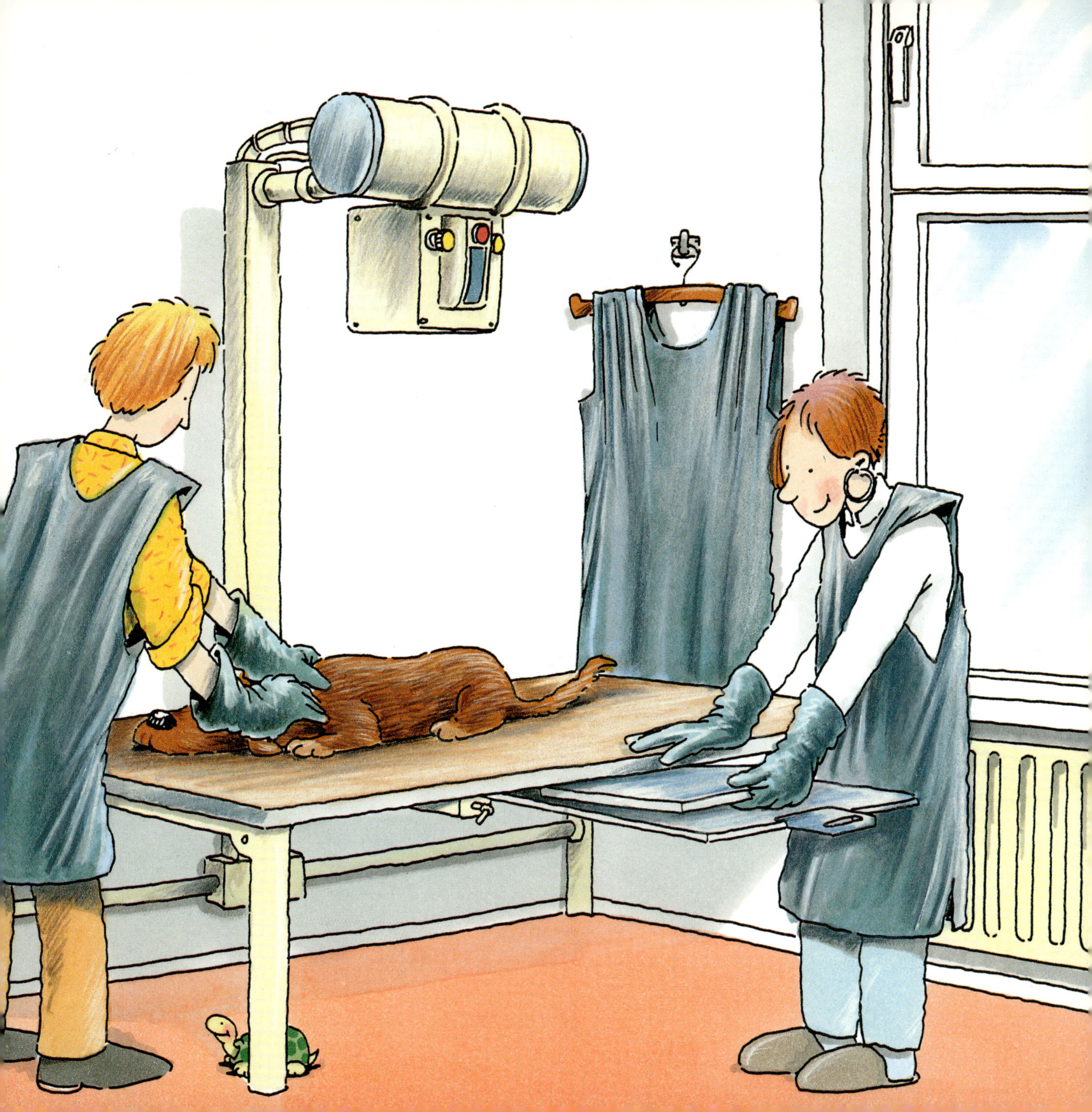

Der Besitzer redet dem Hund gut zu.
Die Röntgenaufnahme zeigt, daß sich der Hund das Bein gebrochen hat. Er bekommt einen Gipsverband. Damit heilt der gebrochene Knochen wieder zusammen.

Manchmal muß meine Freundin kranke Tiere auch operieren. Die Tiere bekommen dann eine Narkose. Davon schlafen sie ein und haben keine Schmerzen bei der Operation.

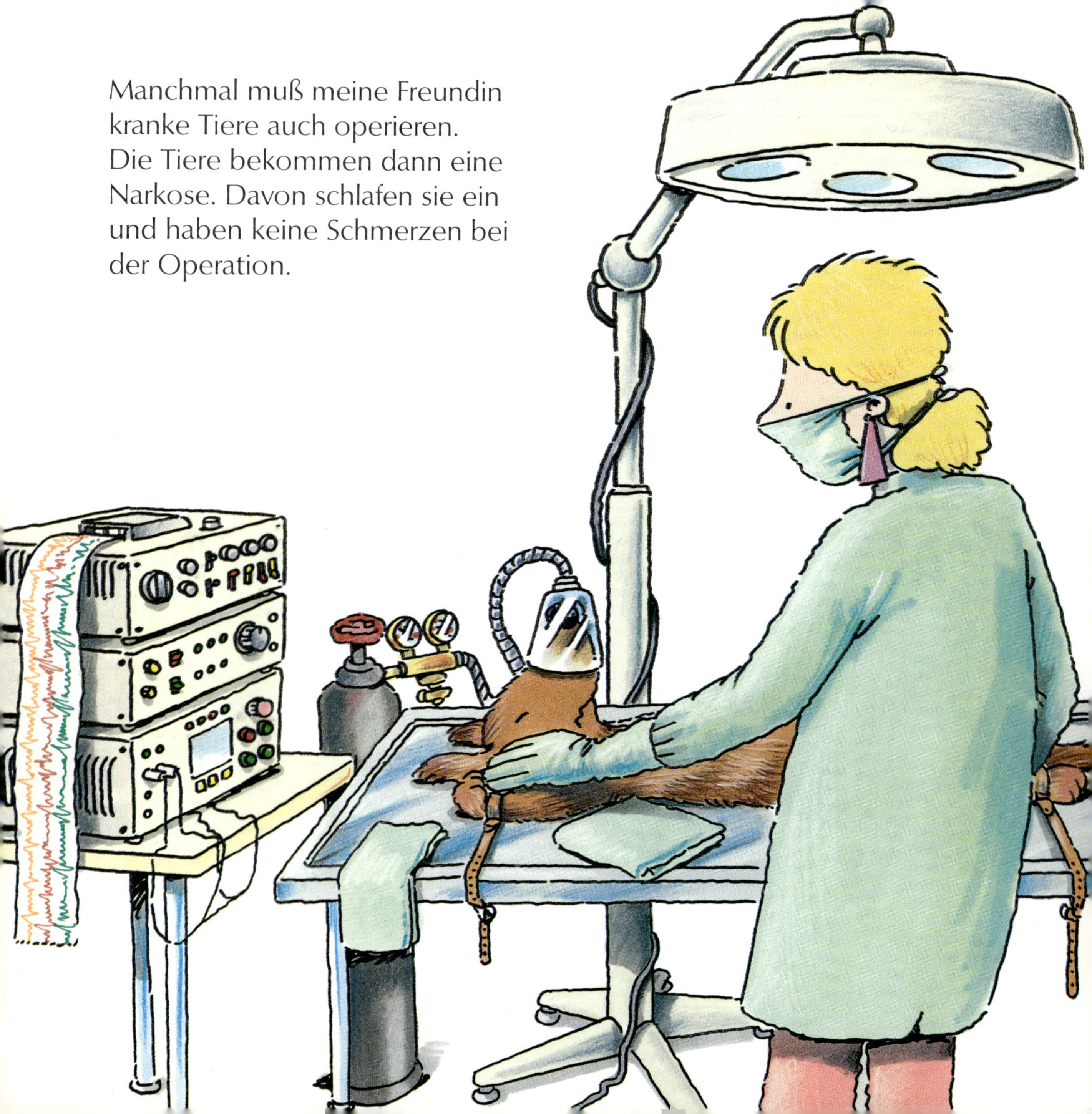

Mit einem Skalpell wird geschnitten, und mit Nadel und Faden wieder zugenäht. Die Tierärztin und die Arzthelferin tragen einen Mundschutz, OP-Kittel und sterile Einweghandschuhe. Wenn der Hund aufwacht, wird er noch etwas müde sein. Aber bald geht es ihm wieder gut.

Manchmal gibt es auch Ärger: Viele Tiere haben Angst vor dem Arztbesuch und wollen gar nicht erst zur Türe hereinkommen.

Oder sie bleiben
während der
Behandlung nicht
still auf dem
Untersuchungstisch
sitzen.

Eine Tierärztin behandelt ihre Patienten aber nicht nur in der Praxis. Viele Tiere sind zu groß, um zu ihr zu kommen – Pferde, Elefanten oder Kühe zum Beispiel. Wenn Petra Hausbesuche macht, packt sie alle nötigen Instrumente und Medikamente in ihre Arzttasche und fährt los.

Im Stall bei Bauer Heiner sind viele kleine Ferkel geboren worden. Die bekommen kurz nach der Geburt vorbeugend eine Spritze gegen Eisenmangel.

Ein Pferd hat sich einen Nagel in den Huf getreten. Das tut weh! Der Nagel wird herausgezogen, und das Pferd bekommt einen Verband. Die Mullbinden werden mit Teer eingestrichen, damit der Verband nicht naß werden kann.

Die Kuh Berta wollte nicht fressen. Petra hört mit dem Phonendoskop die Lunge ab und mißt mit dem Fieberthermometer die Körpertemperatur. Alles in Ordnung, die Kuh ist gesund!

Heuballen

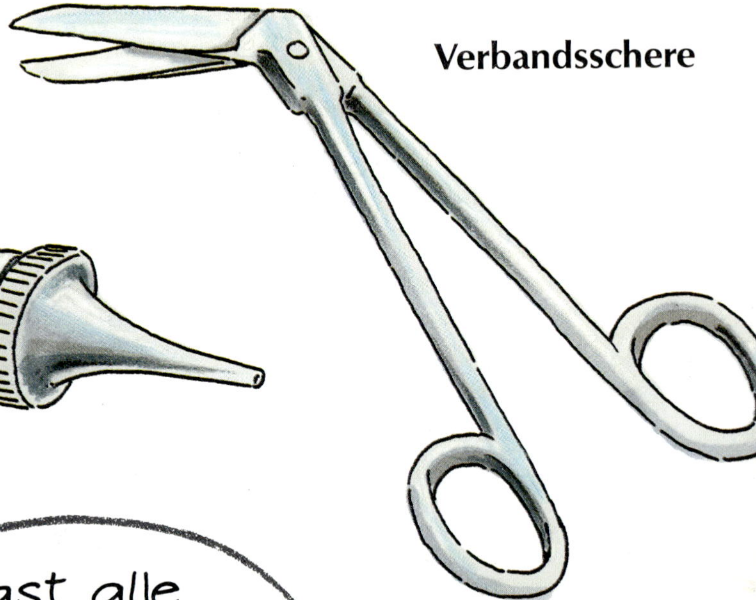

Verbandsschere

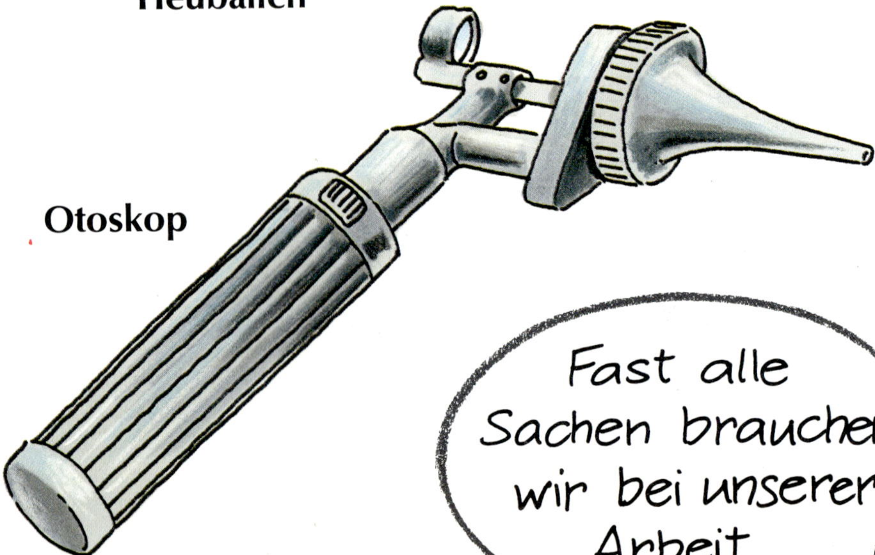

Otoskop

Phonendoskop

Transportkäfig

Primel
Tasche
Gipsbinden
Regenschirm
Zentrifuge
Kannst du sie in diesem Buch entdecken?
Spritze

Wenn Petra abends müde nach Hause kommt, wartet schon wieder ein Tier auf sie. Aber das ist gesund und munter!